[瑞士] **埃德里安娜·巴尔曼**（Adrienne Barman）

1979 年生于瑞士南部的提契诺州，
在此度过美好的童年，获得艺术设计专业学士学位。

2001 年搬到日内瓦，开始平面设计师的工作，
其间常与野生动植物亲密接触。

2007 年以来，主要从事图书插画、卡通设计制作等工作，
已出版一系列深受读者喜爱的儿童绘本和漫画。
个人网站：www.adrienne.ch

致 谢

植物博物馆馆长、民族植物学家迪迪埃·罗盖对本书内容提出的宝贵修改意见，
佩琪·亚当、米里雅娜·法尔卡斯、安娜·HB 和
玛丽吉雅·姆兰协助完成了某些植物族类的绘制着色工作，
以及阿尔多的全力支持和家人对我的鼓励！
——埃德里安娜·巴尔曼

衷心感谢日内瓦植物博物馆及植物园提供的宝贵意见，

联邦文化局 2016 年至 2020 年间提供的机构性支持，

日内瓦共和国与州的大力支持。

* 本书插图系原文插图。——编者注

浪花朵朵

植物的朋友圈

你绝对没见过的植物分类图鉴

[瑞士] 埃德里安娜·巴尔曼 文图 刘小雨 译

贵州出版集团
贵州人民出版社

著作权合同登记号　图字：22-2024-076
审图号：GS京（2024）2013号

图书在版编目（CIP）数据

植物的朋友圈 / (瑞士) 埃德里安娜·巴尔曼文图；刘小雨译. -- 贵阳：贵州人民出版社, 2024. 10.
ISBN 978-7-221-18491-7

I. Q94-49

中国国家版本馆CIP数据核字第2024XR0301号

ZHIWU DE PENGYOUQUAN
植物的朋友圈

[瑞士] 埃德里安娜·巴尔曼　文图
刘小雨　译

出 版 人：朱文迅　　选题策划：北京浪花朵朵文化传播有限公司
出版统筹：吴兴元　　编辑统筹：冉华蓉
责任编辑：黄　伟　　特约编辑：梁　燕　胡晟男
责任印制：常会杰　　装帧设计：墨白空间·闫献龙
出版发行：贵州出版集团　贵州人民出版社
地　　址：贵阳市观山湖区会展东路 SOHO 办公室 A 座
印　　刷：雅迪云印（天津）科技有限公司
经　　销：全国新华书店
版　　次：2024 年 10 月第 1 版
印　　次：2024 年 10 月第 1 次印刷
开　　本：787 毫米 ×1092 毫米　1/16
印　　张：13
字　　数：162.5 千
书　　号：ISBN 978-7-221-18491-7
定　　价：99.80 元

读者服务：reader@hinabook.com 188-1142-1266
投稿服务：onebook@hinabook.com 133-6631-2326
直销服务：buy@hinabook.com 133-6657-3072
官方微博：@ 浪花朵朵童书

后浪出版咨询(北京)有限责任公司

贵州人民出版社微信

目录

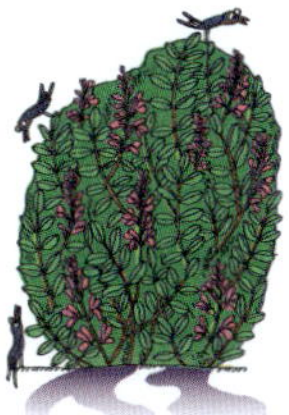

酸爽派

酸爽派

jǔ yuán
枸橼
枸橼树
香柠檬
香柠檬树
红橘
红橘树
葡萄柚
葡萄柚树

乐水者

乐水者

乐水者

乐水者

 * 藻类不属于植物，但传统上将其认为植物，本书采用该说法。——编者注

香 草 族

香草族

香草族

香草族

土 著 派

（地域特色植物）

澳洲鼓槌菊
澳大利亚
异叶南洋杉
澳大利亚诺福克岛
桉树
澳大利亚
澳洲朱蕉
新西兰
银蕨
新西兰
“火柴”拔克西木
澳大利亚
新西兰圣诞树
新西兰
N
W
E
S
“植物羊”藓菊
新西兰

土著派

北非雪松
摩洛哥和阿尔及利亚
摩洛哥坚果树
摩洛哥和阿尔及利亚
索科特拉龙血树
也门索科特拉岛
乞峰千里木
坦桑尼亚乞力马扎罗山
多叶芦荟
莱索托德拉肯斯堡山脉
旅人蕉
马达加斯加
南非茶
（又名线叶金雀花）
南非
N
W
E
S

土著派

梭梭
中国西北部及中亚沙漠地区
掌裂兰
尼泊尔
马来王
猪笼草
婆罗洲
余甘子
印度
N
W
E
S
格朗日奥勒黄郁金香
瑞士瓦莱州
肺草（瑞士特有种）
瑞士
阿尔泰贝母 欧洲
安德老鹳草
比利牛斯山脉
塞尔维亚云杉
塞尔维亚、波斯尼亚和
黑塞哥维那
比利牛斯百合
比利牛斯山脉
海神草 地中海海岸

沙铃花
（犹他州特有种）
美国犹他州
chá
白檫木
美国东部森林
皇后凤梨
安第斯山脉
紫葳
（智利特有种）
智利
N
W
E
S

* 本章节采用艺术表现手法，将植物整体都画成了深色，现实中这些植物只有花或果实是深色的，茎、叶是绿色的。——编者注

西洋接骨木
果实的颜色为亮黑色
哈尔费蒂
黑玫瑰
裂檐花
pāo
黑茶藨子
（又名黑加仑）
果实的颜色为紫黑色

深色系

白花花和金灿灿

白花花和金灿灿

白花花和金灿灿

白花花和金灿灿

白花花和金灿灿

白花花和金灿灿

蓝紫风

蓝紫风

蓝紫风

可口生菜
莴苣
家独行菜
穿叶春美草

可口生菜

可口生菜

落叶木

落叶木

落叶木

落叶木

谷物家族

谷物家族

谷物家族

田 野 派
狐尾草
shì
魔噬花
魔噬花属植物
长叶车前
法兰西菊
（又名玛格丽特花）

草甸碎米荠
马鞭草
日本鬼灯檠
野生堇菜
毛茛

田野派

凌风草
圆头裂檐花
草原车轴草
秋水仙

染色植物
qiàn
茜草
纺织品染料
jǐ
染料沙戟
纺织品染料
根
根

染色植物

染色植物

可转化植物

可转化植物

可转化植物

净化空气植物
虎尾兰
粗肋草
吊兰
欧美地区称为蜘蛛草
变叶木

净化空气植物

净化空气植物

长 寿 族
橄榄树
寿命可达 1000 年

长寿族

菩提树
寿命可达 2000 年
欧洲红豆杉
寿命可达 1000 年

长寿族

此物有毒

木本曼陀罗
植株全身有毒
欧亚瑞香
植株全身有毒
芸香
植株全身有毒
大苍角殿
植株全身有毒

阿魏
植株全身有毒
夹竹桃
植株全身有毒
天仙子
植株全身有毒
泽漆
植株全身有毒
菊蒿 (hāo)
植株全身有毒

此物有毒

毒番石榴
植株全身有毒
世界上最毒的
树种之一，
下雨的时候甚至
不能在此树下躲雨
腐蚀性剧毒
马钱子
植株全身有毒
曼陀罗
植株全身有毒
铁线莲状马兜铃
植株全身有毒
龙葵
茎、叶、未成熟的果实有毒

香辛料

香辛料

香辛料

星星形
苹果
果核
马达加斯加茉莉
花朵
杨桃
果实
紫草
花朵
高天角
花朵
紫叶蔷薇
花朵
琉璃苣
花朵

星星形

星星形

真 假 多 胞 胎

虽然熊蒜的叶子经揉搓会有蒜味，
但是两者的叶子非常容易混淆

毒参
剧毒
野胡萝卜
毒参的叶子经揉搓会散发出
如鼠尿般的恶臭
车窝草

四叶重楼的蓝色浆果和蓝莓非常相似，
但是叶子并不相像

真假多胞胎

千姿百态的叶

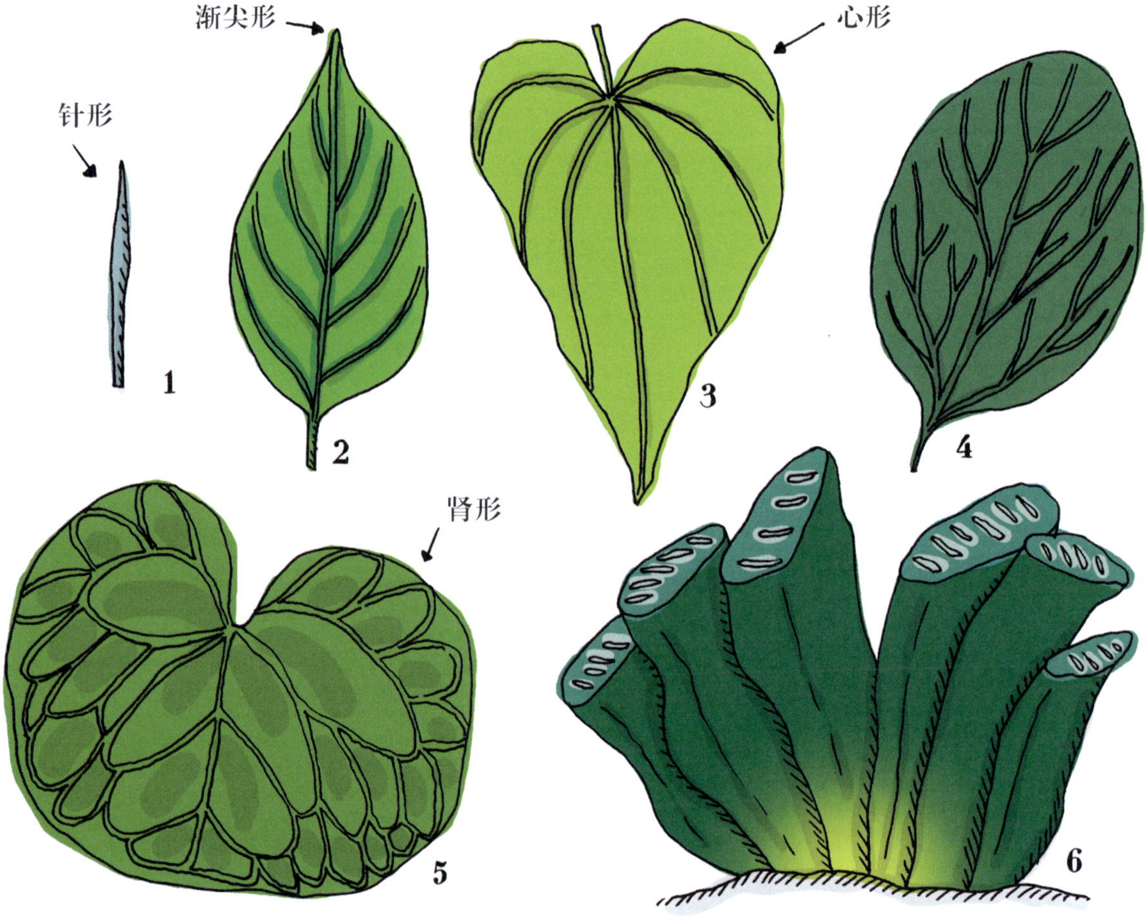

1. 蓝叶云杉
针形叶

2. 欧洲山茱萸
渐尖形叶

3. 薯蓣
心形叶

4. 雪果
卵形叶

5. 欧洲细辛
肾形叶

6. 玉扇
截形叶

千姿百态的叶

1. 窄叶欧女贞
披针形叶

2. 日本厚朴
倒卵形叶

3. 黑杨
三角形叶

4. 鸡母珠（种子剧毒）
矩圆形叶

5. 莲
盾形叶

6. 酸模
箭头形叶

7. 歧缬（xié）草
匙形叶

千姿百态的叶

1. 冬青叶小檗（bò）
奇数羽状复叶

2. 花生
偶数羽状复叶

3. 含羞草
二回羽状复叶

4. 葡萄
掌状单叶

千姿百态的叶

1. 三蕊柳
互生单叶

2. 迎春
对生复叶

3. 红车轴草
三出复叶

4. 欧洲七叶树
掌状复叶

5. 香猪殃殃
轮生复叶

6. 龙舌兰
丛生叶

千姿百态的叶

1. 柴胡
全缘叶

2. 绵毛荚蒾
齿缘叶

3. 欧洲鹅耳枥
重齿缘叶

4. 欧荨麻
锯齿缘叶

5. 胭脂虫栎
刺齿缘叶

6. 多年生山靛
圆齿缘叶

7. 山栗栎
波形缘叶

8. 荷兰榆树
羽状脉序叶

9. 网纹柳
网状脉序叶

10. 宽叶车前
平行脉序叶

11. 枫香树
掌状脉序叶

森林居士

森林居士

森林居士

可口的果子

黑莓

黑莓树

针叶樱桃

针叶樱桃树

梨

梨树

覆盆子（又名树莓）

草莓

柿子

柿子树

无花果

无花果树

可口的果子

需去核的果子

需去核的果子

油桃 油桃树
杏
杏树
乌荆子李、
（又名大马士革李）
乌荆子李树
欧洲李（又名意大利李）
一种大而味甜
多汁的李
李
李树
桃
桃树
枇杷
枇杷树

厚皮果子

厚皮果子

厚皮果子

巨 型 植 物

巨花魔芋

世界上最高的花，
花可高达 3 米

武伦柱
世界上最大的仙人掌植物，
植株可高达近 20 米
美丽异木棉
树可高达 18 米

孟加拉榕树
世界上树冠最大的树

巨型植物

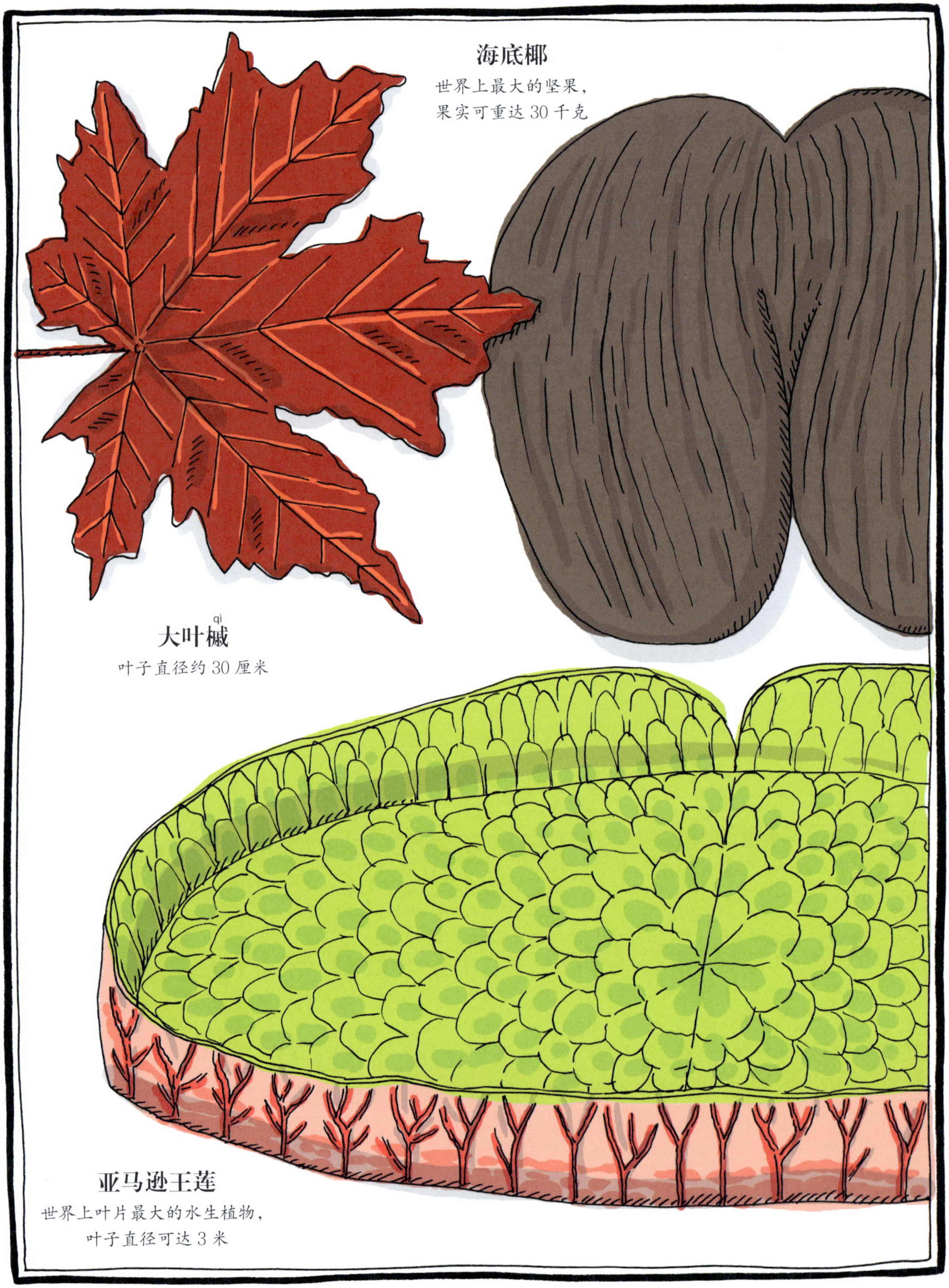
海底椰
世界上最大的坚果，
果实可重达 30 千克
qi
大叶槭
叶子直径约 30 厘米
亚马逊王莲
世界上叶片最大的水生植物，
叶子直径可达 3 米

加州红木
（又名北美红杉）
树干可高达 110 米

攀 缘 植 物

攀缘植物

贯月忍冬
葫芦
丝瓜
木香花
半钟铁线莲
异株泻根

杂交植物

二球悬铃木（又名英国梧桐）

由原产于欧洲的三球悬铃木（法国梧桐）和原产于北美洲的一球悬铃木（美国梧桐）杂交而成

二乔玉兰

早在1820年法国植物学家艾蒂安·苏朗热－博丁（Étienne Soulange-Bodin）用玉兰和紫玉兰杂交育成之前，中国已有培育

红花七叶树

由欧洲七叶树和北美红花七叶树杂交而成

杂交植物

杂交植物

克莱门氏小柑橘
1892 年，植物学家
路易－查理·特拉布（Louis Charles
Trabut）和教士克莱门（Clément）
有意将甜橘和橙子杂交育成
博尔维莱尔梨
西洋梨和白面子树
杂交而成
法兰西玫瑰
1867 年玫瑰栽培园艺家约翰－巴提斯特·纪尧
（Jean-Baptiste Guillot）偶然将胜利魏玫瑰和一
种名为白薇夫人的茶香玫瑰杂交培育而成
黑茶麃子（杂交种）
黑茶藨子和鹅莓
杂交而成

蔬 果 难 分

彩椒
甜瓜
笋瓜
（又名印度南瓜）

黄瓜
南瓜
（栽培种）
西红柿
佛手瓜

寄居客

（附生或寄生植物）

龟背竹
附生植物
松萝凤梨
附生植物
鳄鱼皮星蕨
附生植物
常春藤列当
寄生植物

寄居客

寄居客

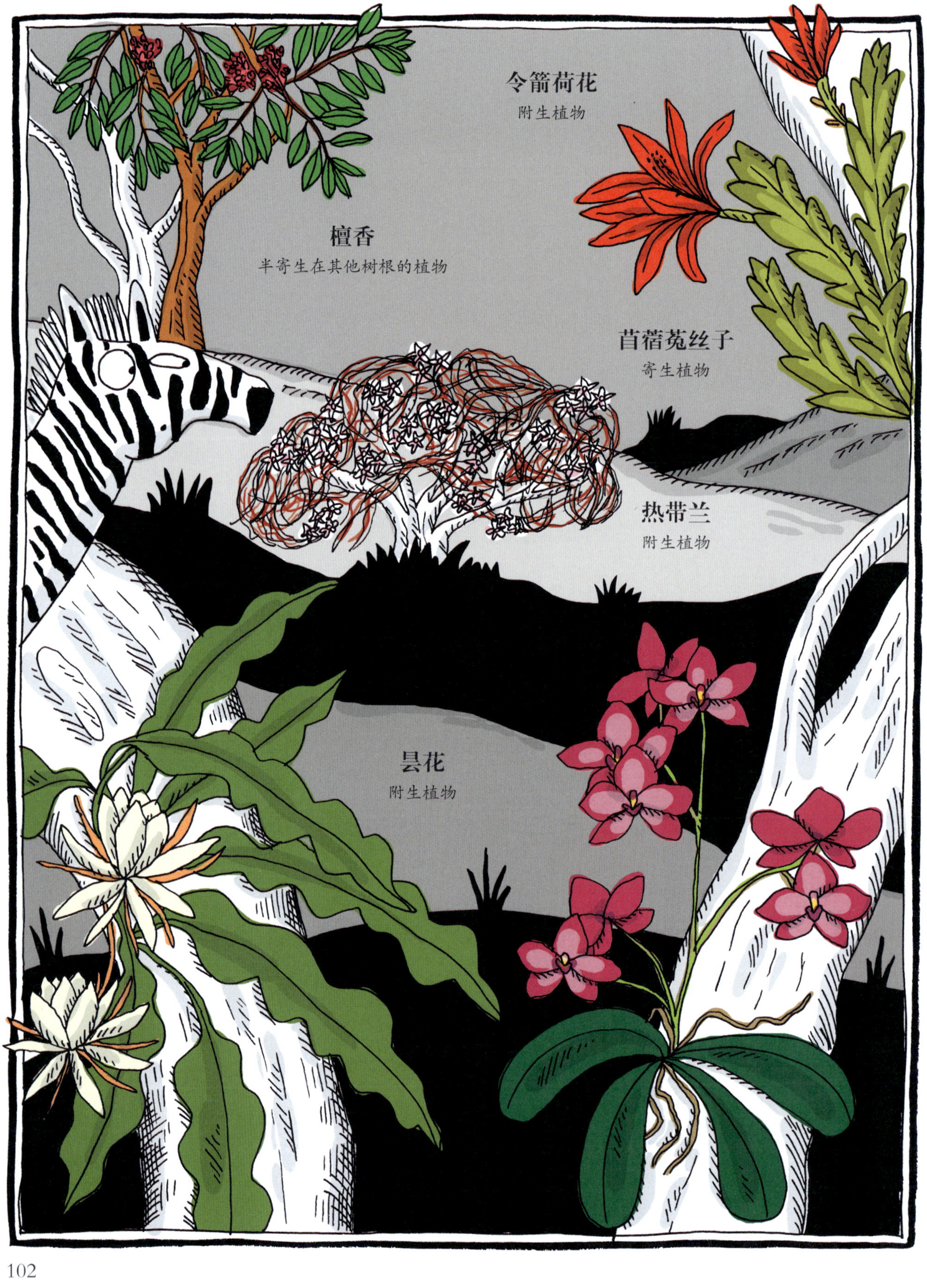

魔法植物*

* 本章节植物的功效皆为西方魔法类小说虚构，并没有科学依据，部分植物在现实世界中具有刺激性或毒性，请勿轻易接触。

欧白芷
在虚构作品中，
可以驱除鼠疫和魔鬼
蒜
在虚构作品中，
可以抵挡女巫、
魔鬼和疾病

魔法植物

罂粟
在虚构作品中，
通过摇摆其种子
催眠和召唤死亡
suì xiàn
尾穗苋
在虚构作品中，
可以令人失明
葛缕子
在虚构作品中，可以用来制作
令人对爱情忠贞的药物
圣母百合
在虚构作品中，
在脖子上戴上
圣母百合的球茎，
可以打破迷情执恋

曼陀罗
在虚构作品中，制成迷药后可以导致
幻觉并催眠。人们把它称为“疯人草”
毒莴苣
在虚构作品中，
用来制作女巫的油膏，
可以导致幻觉并催眠
毒麦
在虚构作品和某种信仰中，
毒麦被认为是魔鬼最爱的植物，
女巫用其制作饮剂，
可以导致失明

奇臭无比
阿诺德大王花
世界上最大的花，
散发刺激性腐臭气味

奇臭无比

臭椿
叶子散发臭味，
雄花气味难闻
榴莲
气味常被描述为
腐败的洋葱、臭鸡蛋等
非洲白鹭花
释放腐肉气味，
吸引花粉传播者

奇臭无比

食虫植物

食虫植物

葡萄牙捕虫堇
被动捕虫器
高山捕虫堇
被动捕虫器
普通狸藻
主动捕虫器
大花捕虫堇
半主动捕虫器
食虫粉衣凤梨
（又名贝尔特罗嘉宝凤梨）
被动捕虫器

食虫植物

高山植物

高山植物

高山植物

观 赏 植 物

观赏植物

qǐng
红萼苘麻
山樱桃
三球悬铃木
（又名法国梧桐）
欧丁香
紫叶欧洲水青冈

观赏植物

竹子
大叶醉鱼草
鹤望兰
药蜀葵
蒲苇

香气袭人
北美冷杉
叶子经过揉搓
散发橘子味清香
小木通
素方花

香气袭人

紫藤
依兰
刺槐
五福花
拥有麝香的香气

金缕梅
宽叶薰衣草
锈红蔷薇
叶子有苹果的香气
瑟菲席妮·杜鲁安
月季

象征性植物

朱槿（又名扶桑）
夏威夷群岛的象征
奇丽闭鞘姜
尼日利亚的国花
大丽菊
墨西哥的国花
红花羊蹄甲（又名紫荆花）
中国香港的区花

象征性植物

常绿植物

常绿植物

常绿植物

带刺植物

带刺植物

带刺植物

带刺植物

带刺植物

蔬菜植物

泽芹
抱子甘蓝
紫黑色
马铃薯
芹菜
卷心菜

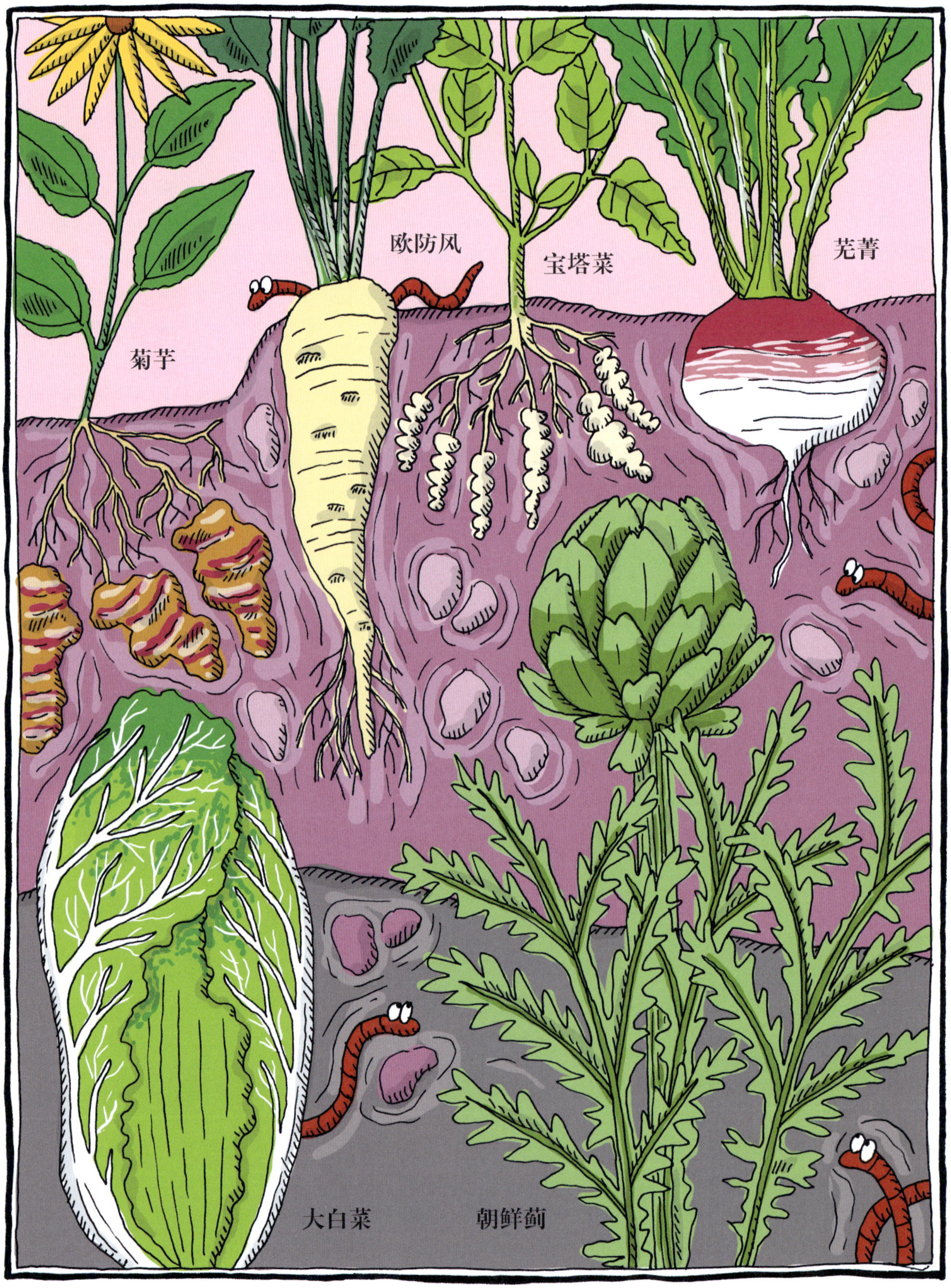
欧防风
宝塔菜
芜菁
菊芋
大白菜
朝鲜蓟

萝卜
番薯
芦笋
盐角草
白梗莙荙菜 jūn dá

蔬菜植物

蔬菜植物

逸闻趣事

洋葱
曾被用作金字塔
建造工人的工资
乳香黄连木
在古代曾被当作口香糖
树脂
月桂
古罗马人和古希腊人用月桂树叶
做成皇冠勉励诗人和胜利者

龙血树
受到损伤时会流出
像血浆一样的红色黏液，
因此得名龙血树
圣洁莓
中世纪时的教士通过食用
西洋牡荆树的果实（圣洁莓）
来抵御情欲的诱惑

樟树
樟树的寿命非常长，
一般能达1000年以上。
苦艾
苦艾酒因被认为
会导致精神失常和
失明而长期被取缔
棕矢车菊
相传半人马被赫拉克勒斯的
箭射伤后是此花
医治好了他的伤口
红口水仙
纳耳喀索斯无可救药地
爱上了自己在水中的影子，
在他自杀后从他的血泊中
长出了红口水仙花
欧榛(zhēn)
地下水勘探者使用欧榛
做成的木棍勘探地下水源

屋顶长生花
曾被种在房顶上
以防雷击
地中海山楂
路易十四非常喜欢吃
用此山楂制成的果冻和果酱
卷柏
干旱时节它会失掉
百分之九十七的体形
并进入休眠状态
缬草
猫常被它浓烈刺鼻的香味所吸引
水分充足
失水

岩石上的植物

岩石上的植物

岩石上的植物

岩石上的植物

岩石上的植物

红 粉 颜
法国蔷薇
红花酢(cù)浆草
红桤木
树皮切开后会变成红色

红粉颜

红粉颜

玫红山黧豆
蜀葵
红芒柄花
箭舌豌豆

沙土上的植物

沙土上的植物

沙土上的植物

沙土上的植物

沙土上的植物

播种者
水金凤
自体传播：果实一经接触
就会把种子弹射出去
bàng
牛蒡
动物传播：带刺的
种子通过粘在动物的
毛上传播
欧亚独活
风传播：种子
靠风力散播

播种者

biào
鱼鳔槐
重力传播：种子成熟后
因重力作用落下后播种
蒲公英
风传播
喷瓜
自体传播：果实在压力作用下
会爆裂将种子弹出

播种者

椰树
水传播：果实掉落在水中，漂流至河岸后播种
黑杨
风传播：果实包裹在棉絮中借风传播
桐叶槭
风传播：种子上有果翅可以随风传播

保健植物

互叶
白千层
具有抗真菌、
抗病毒和
消毒的功效
欧夏至草
可用于治疗呼吸系统
感染和消化系统
紊乱方面的疾病
果香菊
有治疗消化不良、消除神经紧张
和皮肤炎症的功效
欧洲鳞毛蕨
可以驱肠虫，
特别是绦虫
锦葵
具有止咳
的功效

保健植物

金盏花
可用于治疗良性的
皮肤疾病
香蜂花
具有镇静舒缓的功效
qián
异株荨麻
具有解毒、利尿和清洁的功效
红豆越橘
可治疗尿道感染和膀胱炎
水飞蓟
具有疏肝利胆的功效
shī
蓍
可治疗痛经和
消化不良
金丝桃
可抗抑郁

保健植物

葡萄
可治疗静脉曲张
并改善血液循环
地中海柏木
可治疗静脉疾病
甘草
可治疗腹痛
黄龙胆

保健植物

欧洲赤松
可抗菌、疏血消肿
桉树
可增强免疫力、
消炎杀菌
辣椒
促进消化和
治疗带状疱疹
后遗神经痛
欧锦葵
可舒缓呼吸道和
腹部不适
红花百里香
具有杀菌、祛痰和
驱肠虫的功效，并
可促进消化
斗篷草（羽衣草）
可减轻痛经

斑纹派
黑子南瓜

斑纹派

卷丹
花叶万年青
斑点掌裂兰
褐斑苜蓿

地被植物
平枝栒子
xún
勋章菊

地被植物

地被植物

伪装高手

伪装高手

伪装高手

热带植物

热带植物

热带植物

热带植物

经济作物
亚麻
用于纺织、造纸、
复合材料制造
大麻
用于制造纺织品、
建筑材料、护肤品和绳索等
（其变种之一为毒品，请勿吸食）

续随子
种子可提炼生物柴油，
还可用于驱赶鼹鼠
印度苦楝树
可制作杀虫剂
NEEM
OIL
陆地棉
用于纺织品的制造

经济作物

蒿柳
可用于篮筐编制
胡桃
果实的青果皮用于制作装修材料
胡桃青皮
木制家具
的
染料
漆树
树脂有毒，却可制成涂料，
亚洲生产的家具多用此涂料
上光打蜡

多年生植物
风信子
球茎
麝香锦葵
黄花九轮草
黑麦草

活血丹
野勿忘草
岩玫瑰
梅花草

墨角兰
蕨麻
绣球花
（又名八仙花）
海甘蓝

索 引

J

K

Y

Z